AF465411

TRAITÉ DE GÉNIE RURAL

III

TRAVAUX, INSTRUMENTS ET MACHINES AGRICOLES

PAR

M. HERVÉ MANGON

MEMBRE DE L'INSTITUT

INGÉNIEUR EN CHEF DES PONTS ET CHAUSSÉES, PROFESSEUR A L'ÉCOLE DES PONTS ET CHAUSSÉES ET AU CONSERVATOIRE DES ARTS ET MÉTIERS

ATLAS

PARIS

DUNOD, ÉDITEUR

LIBRAIRE DES CORPS DES PONTS ET CHAUSSÉES, DES MINES ET DES TÉLÉGRAPHES

49, QUAI DES AUGUSTINS, 49

1875

TRAITÉ DE GÉNIE RURAL — TRAVAUX, INSTRUMENTS ET MACHINES AGRICOLES

TABLE DES PLANCHES

NUMÉROS DES PLANCHES ET DES FIGURES	SUJETS DES FIGURES
Planche I.	**MANÉGES.**
Fig. 1, 2 et 3.	Manége fixe de M. Albaret.
Fig. 4, 5 et 6.	Manége de M. Pinet.
Fig. 7 et 8.	Manége de M. Barrett.
Fig. 9.	Rochet de manége.
Planche II.	**MOTEURS A VAPEUR.**
Fig. 1, 2 et 6.	Locomobile de Calla (MM. Chaligny et Guyot-Simonnest, successeurs).
Fig. 3.	Locomobile de M. Cail.
Fig. 9 et 10.	Cheminées pare-étincelles.
Planche III.	**MOTEURS A VAPEUR.**
Fig. 1, 2, 3 et 4.	Locomobile demi-fixe de MM. Weyher, Loreau et Cie.
Fig. 5.	Locomobile demi-fixe de MM. Hermann, Lachapelle et Glover.
Fig. 6.	Pompe alimentaire.
Planche IV.	**MOTEURS HYDRAULIQUES. TRANSMISSIONS.**
Fig. 1.	Roue à augets.
Fig. 2.	Roue de côté.
Fig. 3.	Roue vanne, système de M. Sagebien.
Fig. 4, 5 et 6.	Turbine, construite par MM. Schabaver et Fourès.
Fig. 7 et 8.	Roue à axe vertical, système Canson.
Fig. 9, 10, 11, 12 et 13.	Arbre et pièces de transmission.
Fig. 14, 15, 16 et 17.	Transmission à grande distance, de M. Hirn.
Planche V.	**APPAREILS DE TRANSPORT.**
Fig. 1 et 2.	Brouettes.
Fig. 3 et 4.	Tombereau à tous usages.
Fig. 5.	Tuteur limonier.
Fig. 6 et 7.	Chariot à quatre roues.
Planche VI.	**CHARRUE DE DOMBASLE.**
Fig. 1, 2, 3, 4, 5 et 8.	Charrue, avant-train et détails.
Fig. 6.	Soc à pointe mobile.
Fig. 7.	Étrier américain.
Fig. 9.	Régulateur de Hornsby.
Planche VII.	**CHARRUE DE MM. HOWARD.**
Fig. 1 et 2.	Ensemble de la charrue.
Fig. 3 à 18.	Détails.
Planche VIII.	**VERSOIRS DE CHARRUES.**
Fig. 1.	Projections d'un versoir sur trois plans perpendiculaires.
Fig. 2 à 11.	Coupes de divers versoirs.
Planche IX.	**CHARRUES POUR LABOURS A PLAT.**
Fig. 1 et 2.	Brabant double, construit par M. Delahaye-Tailleur.
Fig. 3, 4 et 5.	Charrue tourne-oreille de Ransomes.
Planche X.	**CULTURE A VAPEUR.**
Fig. 1 et 2.	Locomotive Fowler à treuil inférieur.
Fig. 3, 4, 5 et 6.	Poulie-pince.
Planche XI.	**CULTURE A VAPEUR.**
Fig. 1, 2 et 5.	Charrue à bascule de Fowler.
Fig. 3 et 4.	Poulie-ancre de renvoi de Fowler.
Planche XII.	**CULTURE A VAPEUR.**
Fig. 1 et 2.	Cultivateur de Fowler.
Fig. 3, 4 et 5.	Chariot de Fowler, pour herses et rouleaux.
Planche XIII.	**HERSES. — ROULEAUX. — CULTIVATEURS.**
Fig. 1 et 2 bis.	Herse en fer, de Howard, construite par Peltier jeune.
Fig. 2 et 3.	Herse à chaine.
Fig. 4.	Herse montée pour betterave.
Fig. 5.	Herse buttoir de M. Champonnois, pour la culture des betteraves sur billons.
Fig. 6.	Rouleau en fonte à quatre tambours.
Fig. 7 et 8.	Rouleau Crosskill, construit par M. Albaret.
Fig. 9, 10 et 11.	Cultivateur d'Uley.
Planche XIV.	**CULTIVATEURS.**
Fig. 1 et 2.	Cultivateur de Biddell.
Fig. 3 et 4.	Cultivateur des environs de Paris.
Planche XV.	**SEMOIR A CHEVAL.**
Fig. 1, 2 et 3.	Ensemble d'un semoir.
Fig. 4 à 14.	Détails du semoir.
Planche XVI.	**HOUES A CHEVAL.**
Fig. 1 à 10.	Houe de Smith.
Fig. 11 à 13.	Herse Bataille.
Planche XVII.	**MOISSONNEUSE.**
Fig. 1 à 5.	Élévations, plan et détails de la moissonneuse de M. Albaret (ancien modèle).
Planche XVIII.	**MOISSONNEUSE. — FAUCHEUSE.**
Fig. 1 à 6.	Moissonneuse à tablier.
Fig. 7 à 19.	Élévation, plan et détails de la faucheuse de Wood.
Planche XIX.	**FANEUSE. — RATEAU A CHEVAL.**
Fig. 1 à 6.	Élévation, plan et détails d'une faneuse.
Fig. 7 à 16.	Élévation, plan et détails d'un râteau à cheval.
Planche XX.	**MACHINES A BATTRE.**
Fig. 1 et 2.	Machine à battre locomobile à vapeur, de M. Lotz.
Fig. 3, 4 et 5.	Machine à battre à manége direct, de M. Lotz.
Fig. 6.	Machine à battre de Richter.
Planche XXI.	**MACHINE A BATTRE FIXE.**
Fig. 1 à 7.	Ensemble et détails d'une machine à battre de M. Duvoir.
Planche XXII.	**MACHINES A BATTRE.**
Fig. 1 et 2.	Machine à battre anglaise.
Fig. 3, 4 et 5.	Machine à battre américaine.
Planche XXIII.	**TARARE. — CRIBLEUR. — TRIEUR.**
Fig. 1 et 2.	Tarare ordinaire.
Fig. 3, 4, 5 et 6.	Cribleur de M. Boby.
Fig. 7 à 11.	Trieurs de M. Vachon.
Fig. 12.	Exemples de tôles percées.
Planche XXIV.	**COUPE-RACINES. — HACHE-PAILLE, etc.**
Fig. 1, 2 et 3.	Coupe-racines.
Fig. 4, 5, 6 et 7.	Hache-paille à bras.
Fig. 8 et 9.	Laveur de racines.
Fig. 10 et 11.	Secoueur de paille.
Planche XXV.	**APLATISSEUR. — CONCASSEUR. — BRISE-TOURTEAUX.**
Fig. 1 à 11.	Broyeur-aplatisseur.
Fig. 12, 13 et 14.	Brise-tourteaux.
Fig. 15.	Broyeur à cylindre.
Planche XXVI.	**DISTILLERIES AGRICOLES.**
Fig. 1 et 2.	Distillerie Champonnois.
Fig. 3.	Coupe-racine Champonnois à effet centrifuge.
Fig. 4.	Appareil à distiller, système Champonnois.

PARIS. — IMP. SIMON RAÇON ET COMP., RUE D'ERFURTH, 1.

MANÈGES

A Fig. 1. Manège fixe de Mr Albaret

A Fig. 2. Plan

A Fig. 3. Élévation des galets

A Fig. 4. Manège de Mr Pinet

A Fig. 5. Plan

A Fig. 7. Manège de Mr Barrett
Coupe suivant AB. Fig. 8.

A Fig. 8. Plan et coupe
suivant (1)(1) de la Fig. 7.

B Fig. 6.
Rochet de la Poulie motrice de la Fig. 4.

B Fig. 9
Rochet à deux doigts pour arbre de manège.
Élévation
Plan

A Échelle de 0m 05 pour 1 mètre.

B Échelle de 0m 10 pour 1 mètre.

M. Dunod, Éditeur.

Gravé par Lemblin

MOTEURS À VAPEUR.

A Fig. 1. Locomobile de M.r Calla (M.rs Chaligny et Guyot-Sionnest S.rs)

A Fig. 3. Locomobile de M.r Cail.

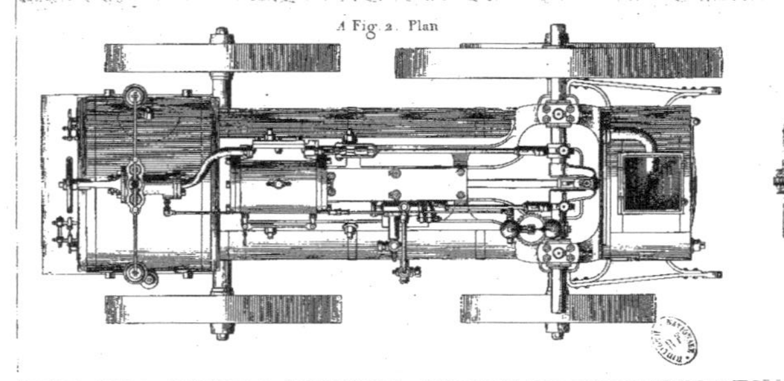

A Fig. 2. Plan

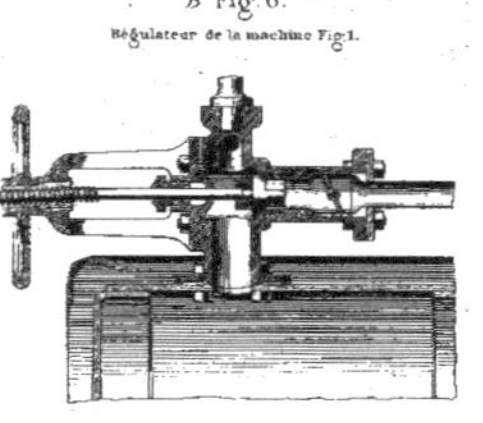

B Fig. 6.

Régulateur de la machine Fig. 1.

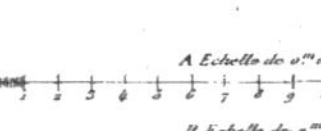

Coupe suivant A B

Fig. 9. Cheminée pare-étincelles.

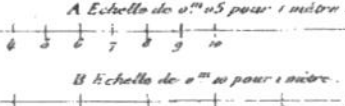

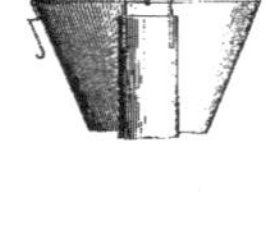

Fig. 10.

Cheminée pare-étincelles.

A Échelle de 0.m 05 pour 1 mètre.

B Échelle de 0.m 10 pour 1 mètre.

M. Dunod, Éditeur.

Gravé par Lambden.

MOTEURS À VAPEUR

A Fig. 1. Locomobile demi fixe de M. M. Weyher, Loreau & Cie

A Fig. 3. Coupe en travers

A Fig. 5. Machine verticale demi fixe. de M. M. Hermann Lachapelle et Glover

A Fig. 2. Plan

B Fig. 4. Nettoyage de la Chaudière à foyer amovible. de M. M. Weyher Loreau et Cie

B Fig. 6. Pompe alimentaire

A Echelle de 0m,05 pour 1 mètre.

B Echelle de 0m,10 pour 1 mètre.

MOTEURS HYDRAULIQUES. — TRANSMISSIONS.

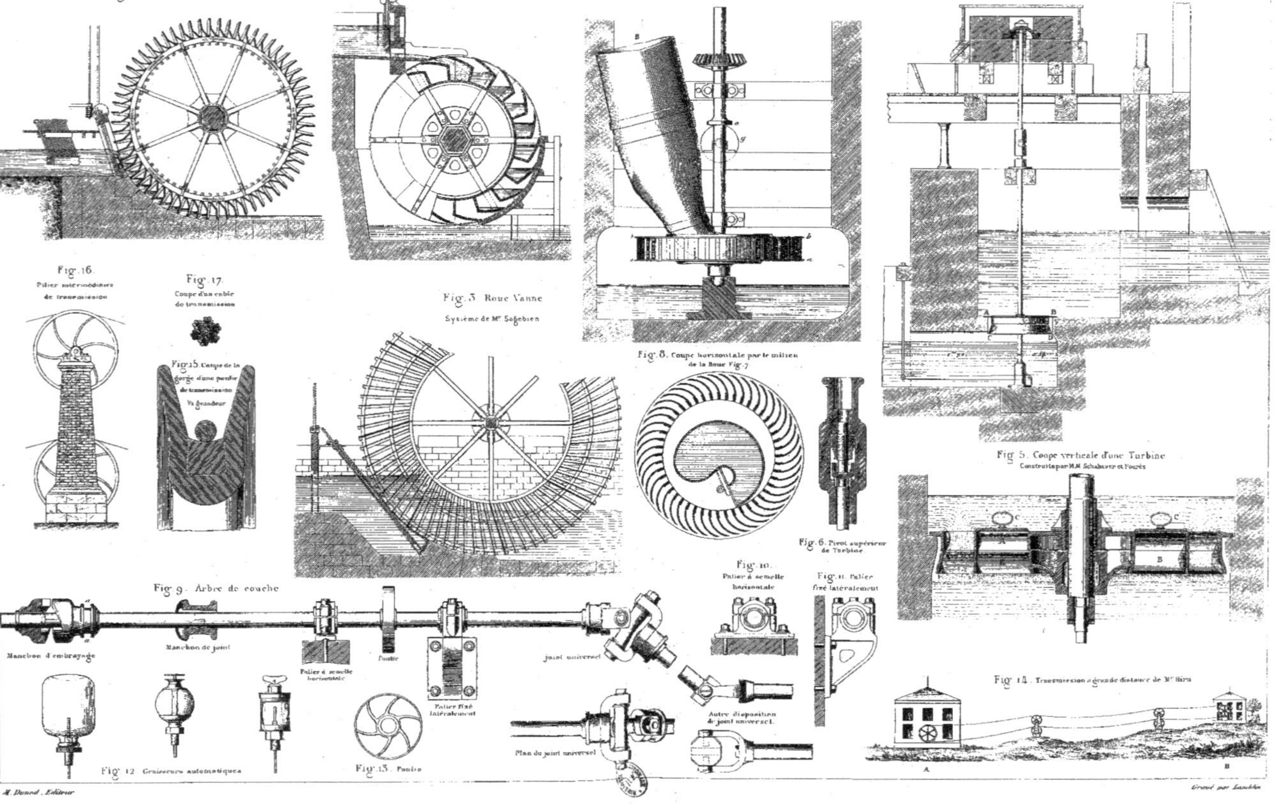

M. Dunod, Éditeur

Gravé par Laschke

APPAREILS DE TRANSPORTS

Fig. 3. Tombereau à tous usages Élévation

Fig. 6. Chariot du Nord. Élévation

Fig. 4. Plan

Fig. 7. Plan

Fig. 2. Brouette dite Anglaise

Fig. 1. Brouette ordinaire. Élévation

Fig. 5. Tuteur limonier

Plan

Plan

Échelle de 0m 0,5 p. 1 mètre.

CHARRUE DE DOMBASLE.

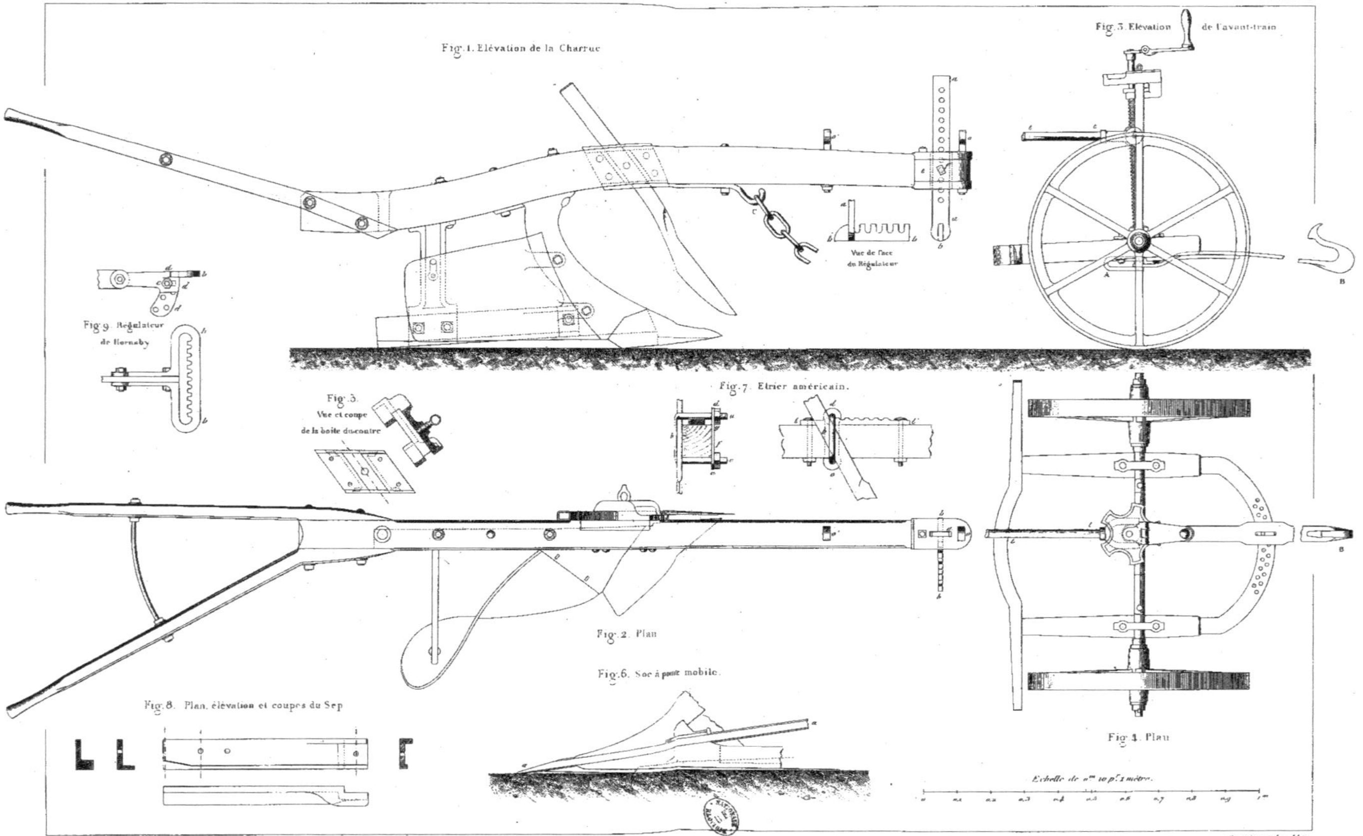

M. Dunod Editeur

Gravé par Laurblon

CHARRUE DE MM. HOWARD.

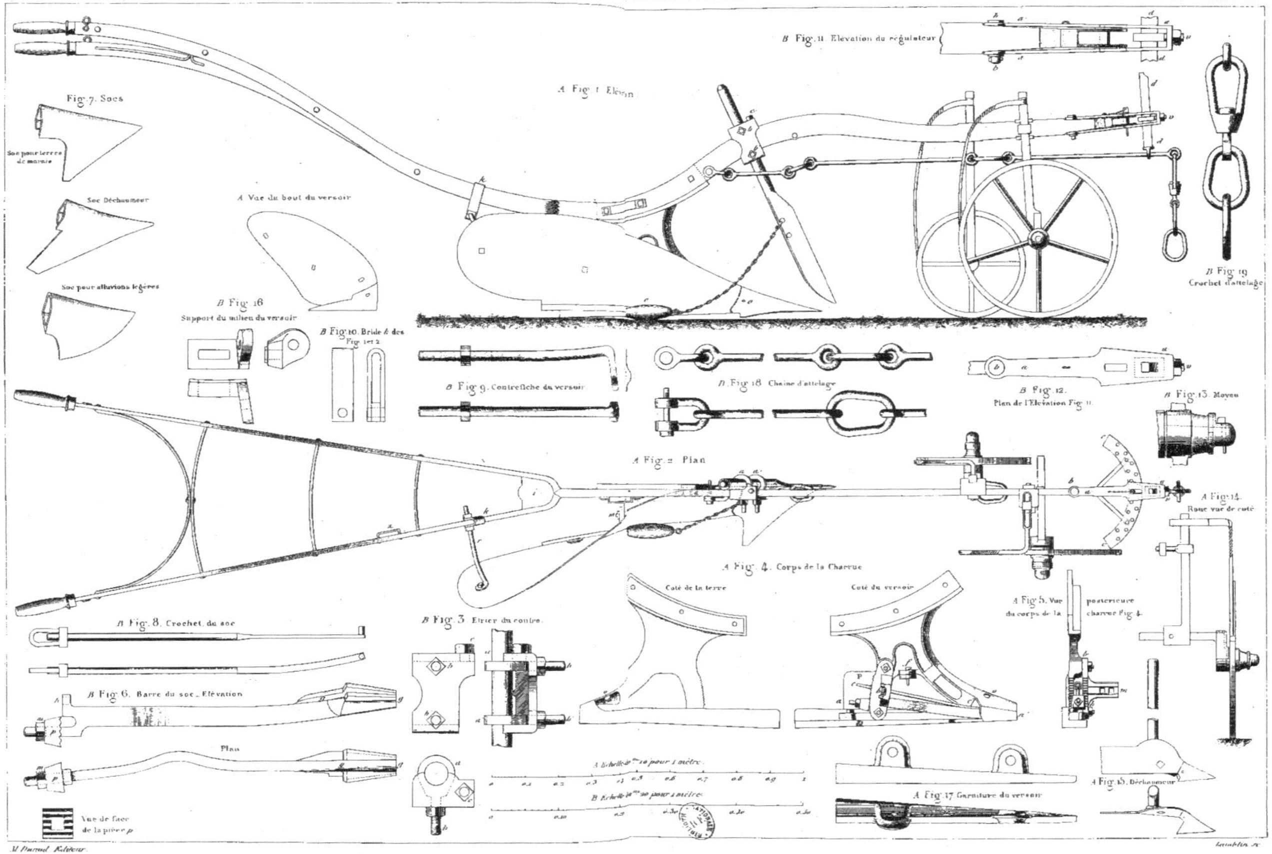

A Fig. 1. Élévation

B Fig. 11. Élévation du régulateur

Fig. 7. Socs

Soc pour terres de marais

Soc Déchaumeur

Soc pour alluvions légères

A Vue du bout du versoir

B Fig. 19. Crochet d'attelage

B Fig. 16. Support du milieu du versoir

B Fig. 10. Bride k des Fig. 1 et 2

B Fig. 9. Contrefiche du versoir

B Fig. 18. Chaîne d'attelage

B Fig. 12. Plan de l'Élévation Fig. 11

B Fig. 13. Moyeu

A Fig. 2. Plan

A Fig. 14. Roue vue de côté

A Fig. 4. Corps de la Charrue

Coté de la terre

Coté du versoir

A Fig. 5. Vue postérieure du corps de la charrue Fig. 4.

A Fig. 8. Crochet du soc

B Fig. 3. Étrier du coutre.

B Fig. 6. Barre du soc. Élévation

Plan

Vue de face de la pièce p

A Échelle de 0m,10 pour 1 mètre.

0 0,1 0,2 0,3 0,4 0,5 0,6 0,7 0,8 0,9 1

B Échelle de 0m,20 pour 1 mètre.

0 0,10 0,20 0,30 0,40

A Fig. 17. Garniture du versoir

A Fig. 15. Déchaumeur

VERSOIRS DE CHARRUES.

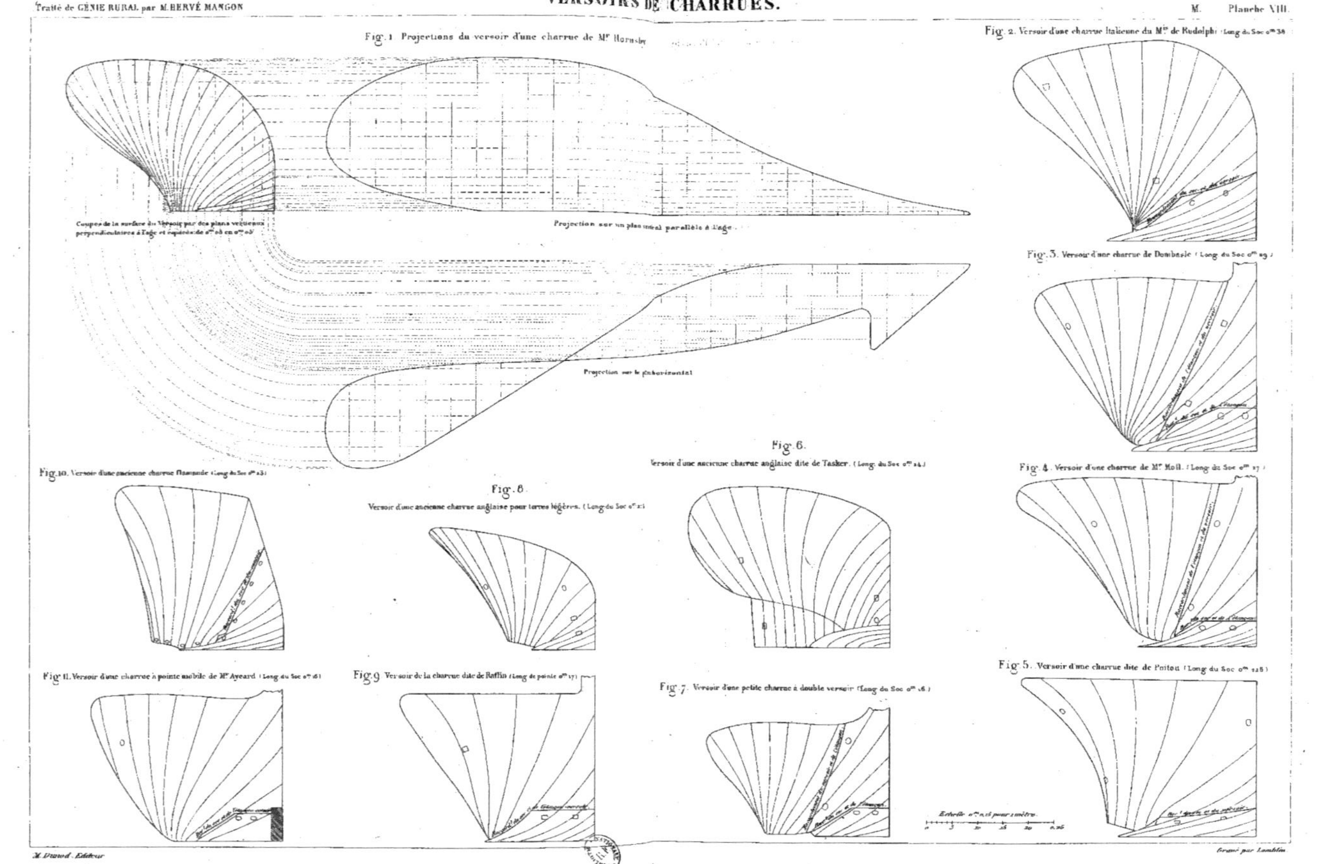

M. Dunod, Éditeur

Gravé par Lamblin

CHARRUES POUR LABOURS À PLAT.

A Fig. 1. Brabant double Construit par Mr Delahaye-Tailleur. Élévation.

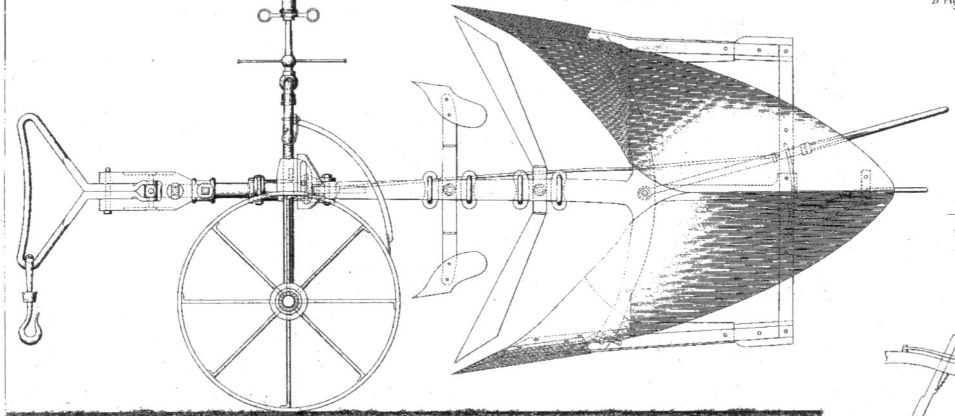

B Fig. 4. Détail du mouvement des versoirs de la charrue Fig. 3.

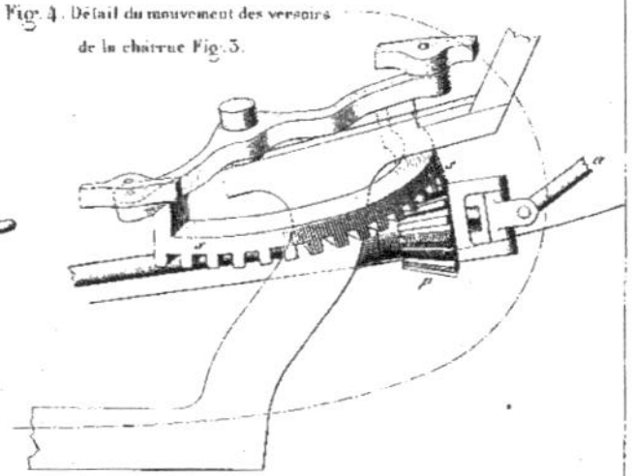

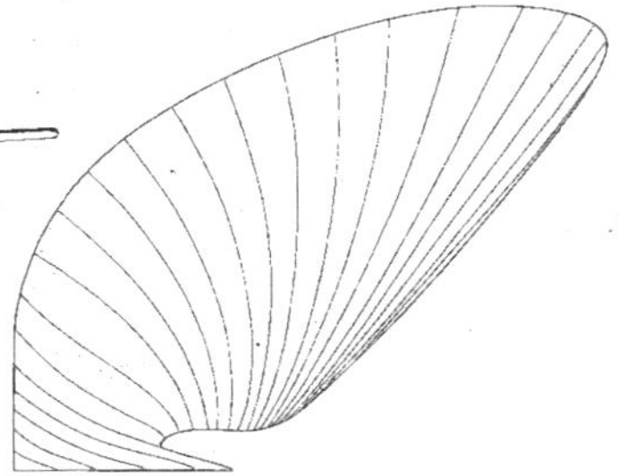

Fig. 3. Charrue Tourne-oreille Système Bazonnes

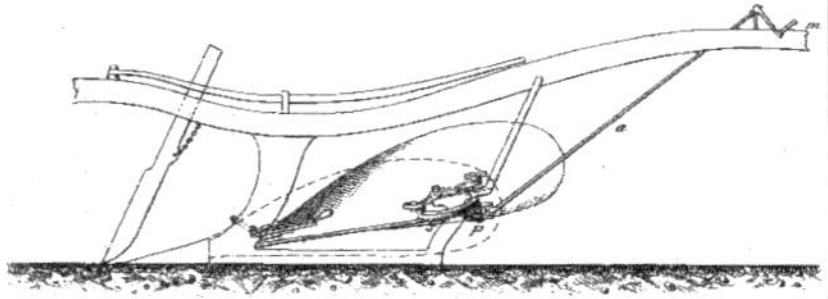

A Fig. 2. Plan

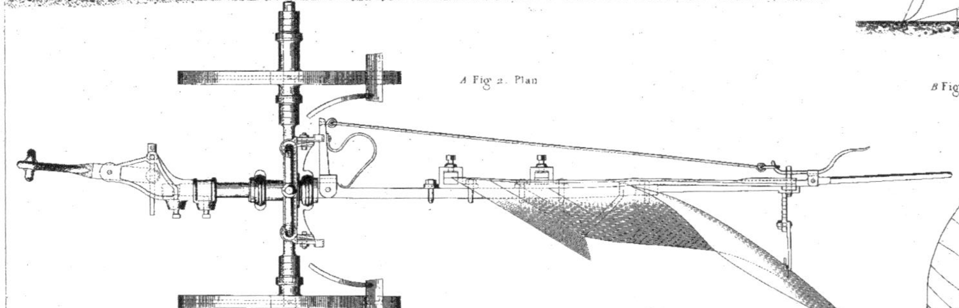

B Fig. 5. Projection du soc et de l'un des versoir de la charrue Fig. 3.

A Echelle de 0m. 10 par mètre.

B Echelle de 0m. 25 par mètre.

CULTURE À VAPEUR.

A Fig. 1. Élévation d'une locomotive Fowler

A Fig. 2. Plan

Fig. 5. Coupe du tambour de la poulie pince.

Fig. 6 Plan

Fig. 3. Coupe de la poulie pince

Fig. 4. Plan

Échelle de 0m,04 pour 1 mètre.

M. Dunod Éditeur

Gravé par Lamblin

CULTURE À VAPEUR.

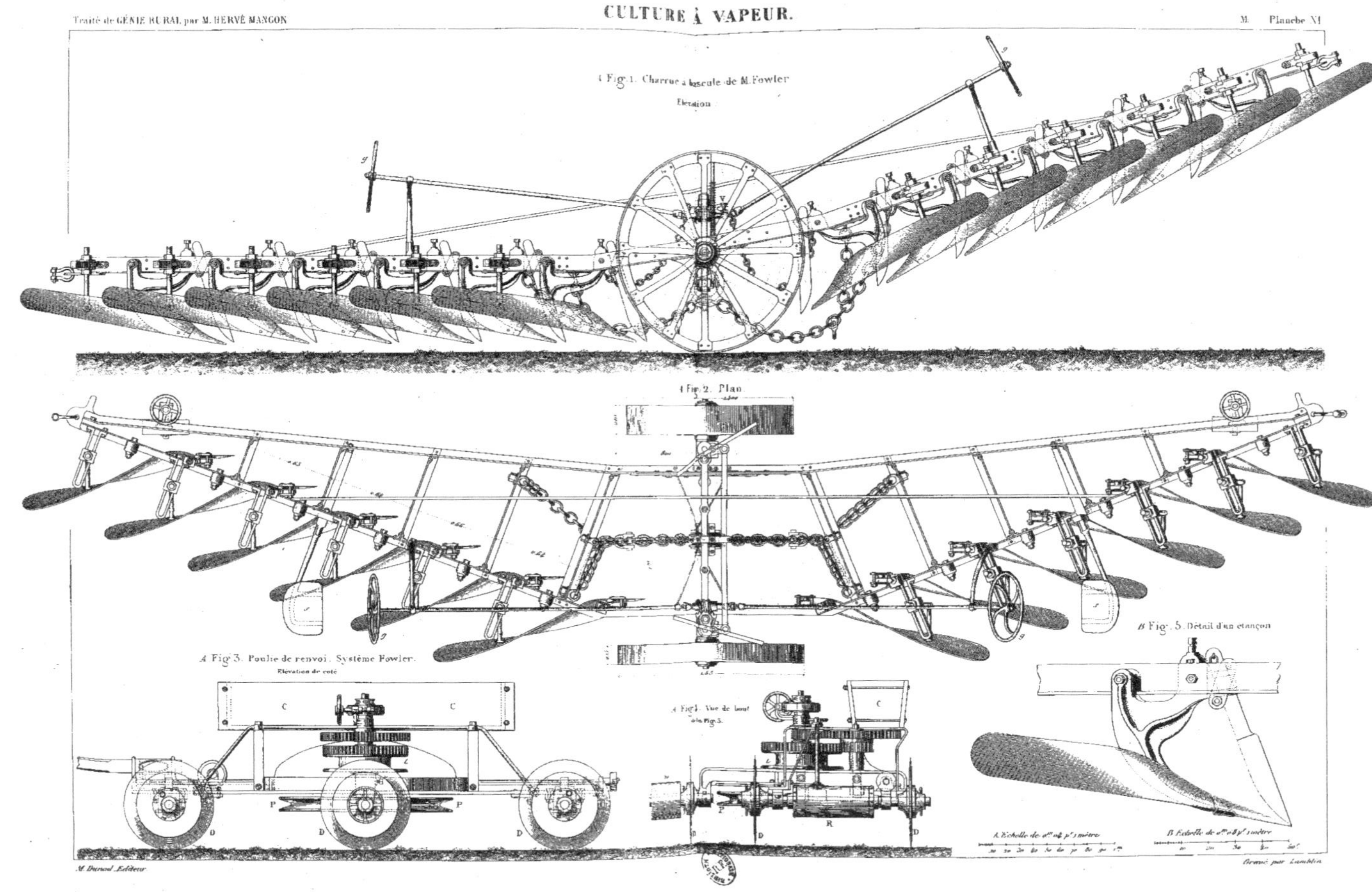

Traité de GÉNIE RURAL par M. HERVÉ MANGON.

CULTURE À VAPEUR.

M. Planche XII.

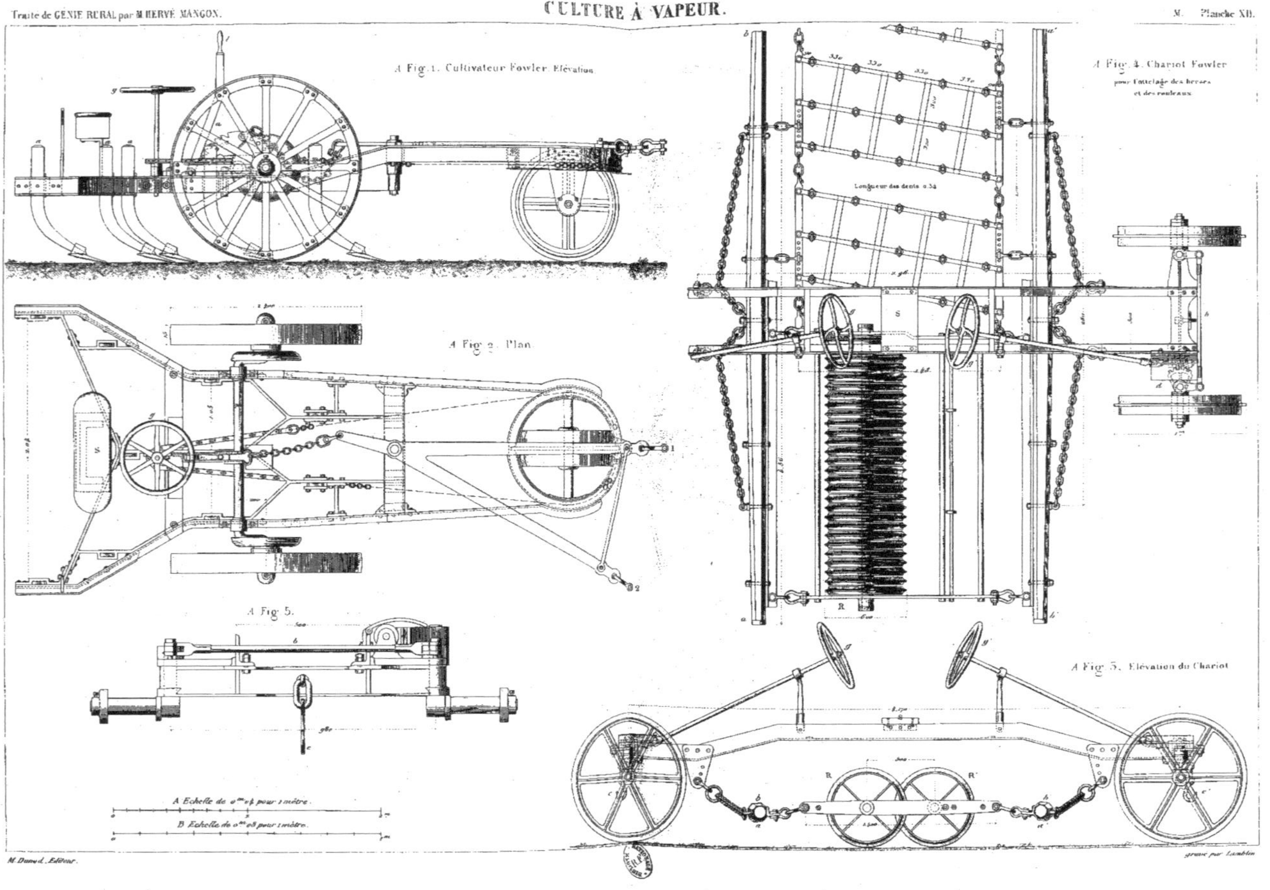

M. Dunod, Éditeur.

gravé par Lamblin

Traité de GÉNIE RURAL par M. HERVÉ MANGON

HERSES, ROULEAUX, CULTIVATEURS.

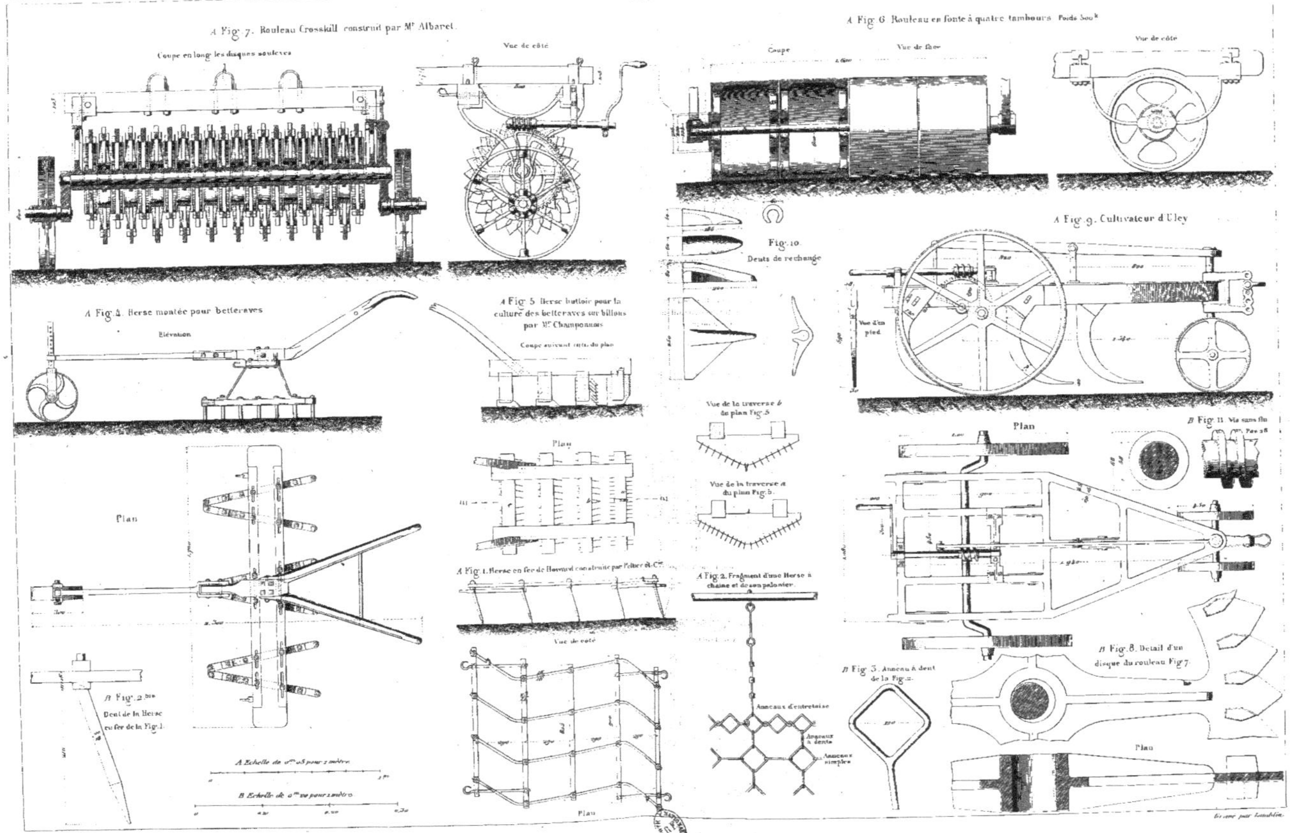

M. Planche XIII

A Fig. 7. Rouleau Crosskill construit par Mr Albaret.

Coupe en long, les disques soulevés

Vue de côté

A Fig. 6. Rouleau en fonte à quatre tambours. Poids 500k

Coupe

Vue de face

Vue de côté

Fig. 10. Dents de rechange

A Fig. 9. Cultivateur d'Uley

Vue d'un pied

A Fig. 4. Herse montée pour betteraves

Élévation

Plan

A Fig. 5. Herse buttoir pour la culture des betteraves sur billons par Mr Champonnois

Coupe suivant ... du plan

Plan

A Fig. 1. Herse en fer de Howard construite par Pelter & Cie.

Vue de côté

Plan

Vue de la traverse b du plan Fig. 5

Vue de la traverse a du plan Fig. 5.

A Fig. 2. Fragment d'une Herse à chaîne et de son palonnier.

Anneaux d'entretoise

Anneaux à dents

Anneaux simples

Plan

B Fig. 11. Vis sans fin

B Fig. 8. Détail d'un disque du rouleau Fig. 7.

B Fig. 3. Anneau à dent de la Fig. 2.

Plan

B Fig. 2 bis. Dent de la Herse en fer de la Fig. 1.

A Échelle de 0m.05 pour 1 mètre.

B Échelle de 0m.20 pour 1 mètre.

M. Dunod Éditeur.

Gravé par Laudelin.

CULTIVATEURS.

A Fig. 1. Cultivateur de Biddell
Élévation

A Fig. 3. Cultivateur des environs de Paris
Élévation

A Fig. 2. Plan

Vue postérieure d'une dent

A Fig. 4. Plan

Détail d'une dent

Coupe au milieu d'une dent

Échelle de 0m 05 pour 1 mètre

M. Dunod, Éditeur. Gravé par Laroblin

SEMOIR À CHEVAL.

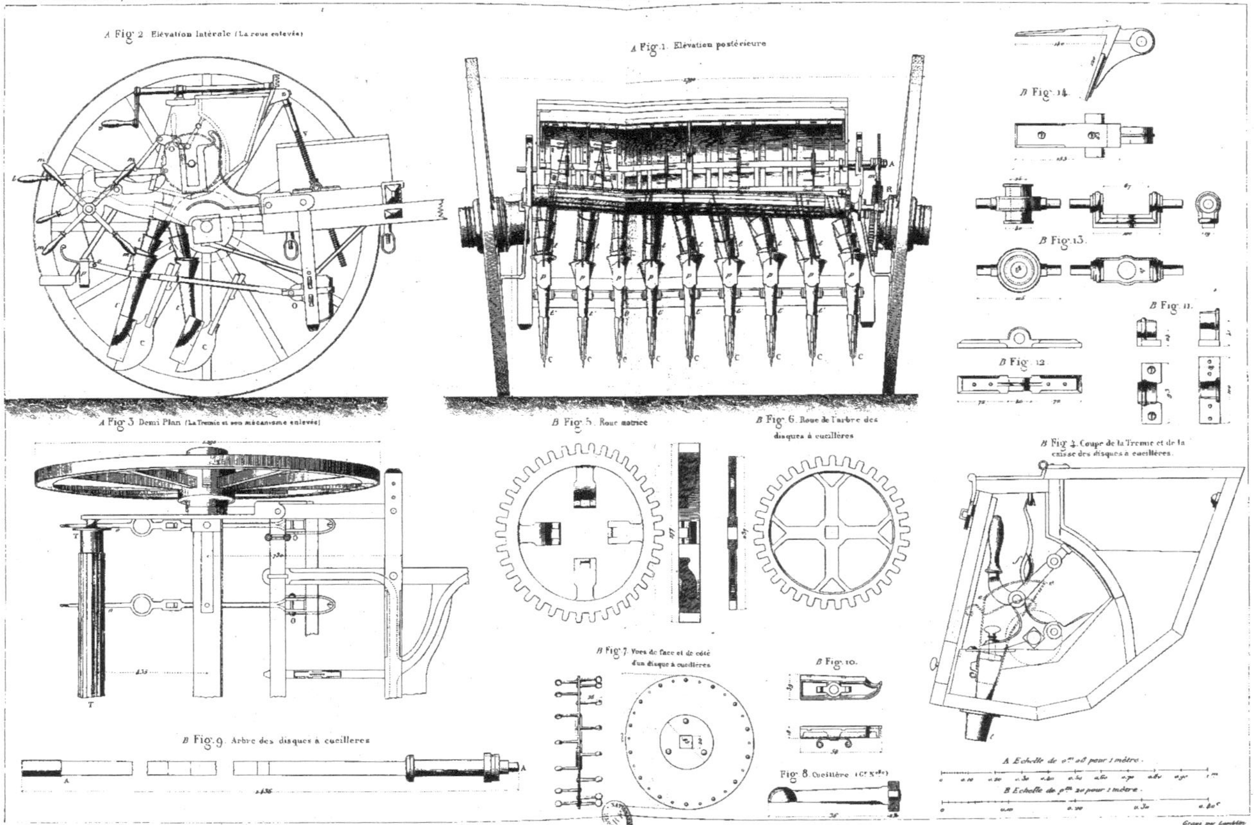
A Fig. 2. Élévation latérale (La roue enlevée)
A Fig. 1. Élévation postérieure
B Fig. 14.
B Fig. 13.
B Fig. 11.
B Fig. 12.
A Fig. 3. Demi Plan (La Trémie et son mécanisme enlevés)
B Fig. 5. Roue motrice
B Fig. 6. Roue de l'arbre des disques à cuillères
B Fig. 4. Coupe de la Trémie et de la caisse des disques à cuillères.
B Fig. 7. Vues de face et de côté d'un disque à cuillères
B Fig. 10.
B Fig. 9. Arbre des disques à cuillères
Fig. 8. Cuillère
A Échelle de 0m.08 pour 1 mètre.
B Échelle de 0m.20 pour 1 mètre.

M. Dunod, Éditeur. Gravé par Lamblin

HOUES À CHEVAL

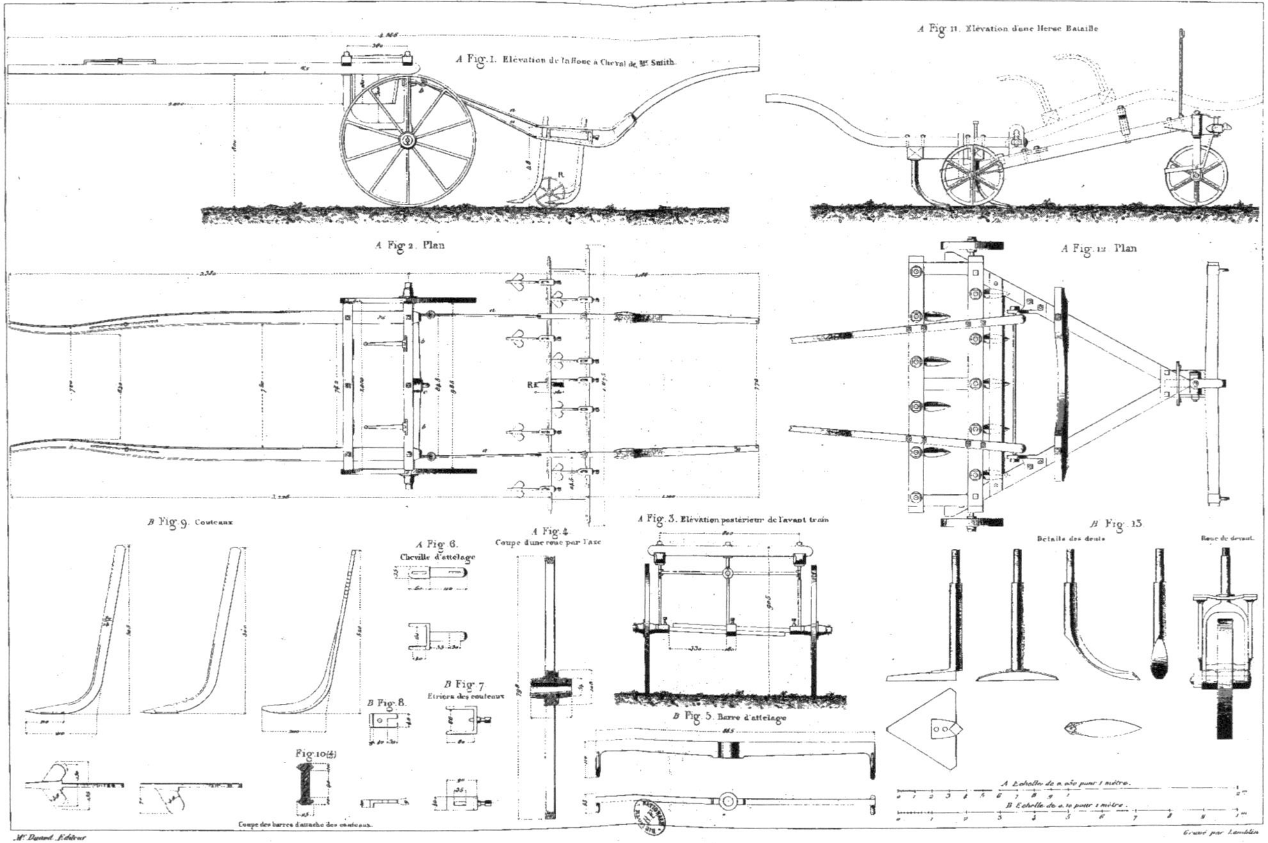

A Fig. 1. Élévation de la Houe à Cheval de Mr Smith.

A Fig. 11. Élévation d'une Herse Bataille

A Fig. 2. Plan

A Fig. 12. Plan

B Fig. 9. Couteaux

A Fig. 4. Coupe d'une roue par l'axe

A Fig. 3. Élévation postérieure de l'avant train

B Fig. 13. Détails des dents

Roue de devant.

A Fig. 6. Cheville d'attelage

B Fig. 7. Étriers des couteaux

B Fig. 8.

Fig. 10 (1/4)

B Fig. 5. Barre d'attelage

Coupe des barres d'attache des couteaux.

A Échelle de 0.050 pour 1 mètre.

B Échelle de 0.10 pour 1 mètre.

Mr Dunod, Éditeur

Gravé par Lamblin

MOISSONNEUSE

A. Fig. 1.

Élevation latérale de la Moissonneuse de Mr Albaret

(Ancien modèle)

A. Fig. 3.

Élévation postérieure

A. Fig. 2. Plan

Longueur de la coupe 1m 49.

Longueur de la flèche 4m 450

B. Fig. 4. Embrayage et coupe par l'axe de la roue motrice

B. Fig. 5.

Secteur de relevage.

M. Dunod, Éditeur.

Gravé par Lamblin.

MOISSONNEUSE-FAUCHEUSE.

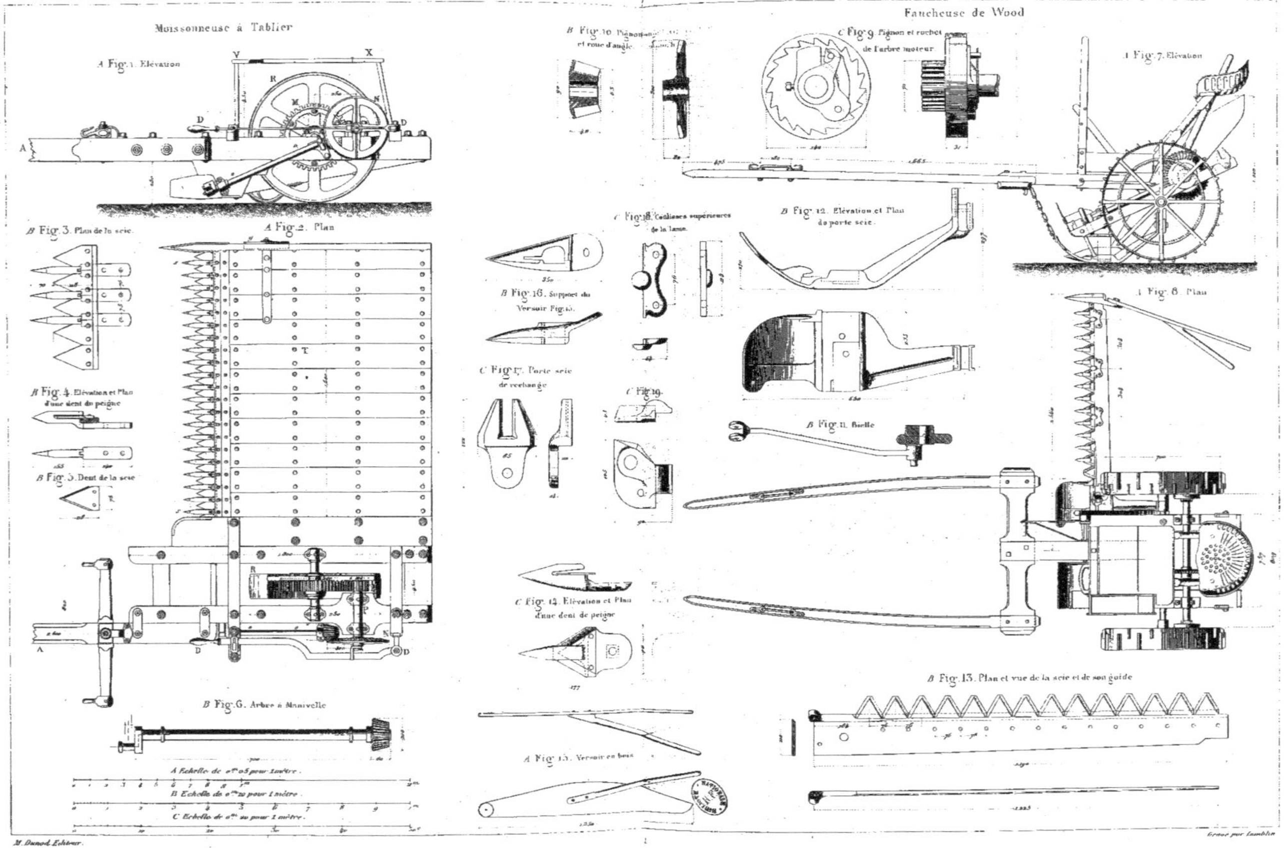

Moissonneuse à Tablier

A Fig. 1. Élévation

A Fig. 2. Plan

B Fig. 3. Plan de la scie.

B Fig. 4. Élévation et Plan d'une dent du peigne

B Fig. 5. Dent de la scie

B Fig. 6. Arbre à Manivelle

A Echelle de 0m.05 pour 1 mètre.

B Echelle de 0m.20 pour 1 mètre.

C Echelle de 0m.40 pour 1 mètre.

Faucheuse de Wood

A Fig. 7. Élévation

A Fig. 8. Plan

C Fig. 9. Pignon et rochet de l'arbre moteur

B Fig. 10. Pignon et roue d'angle

B Fig. 11. Bielle

B Fig. 12. Élévation et Plan du porte scie.

B Fig. 13. Plan et vue de la scie et de son guide

C Fig. 14. Élévation et Plan d'une dent de peigne

A Fig. 15. Versoir en bois

B Fig. 16. Support du Versoir Fig. 15.

C Fig. 17. Porte scie de rechange

C Fig. 18. Coulisses supérieures de la lame.

C Fig. 19.

M. Dunod, Éditeur.

Gravé par Lamblin

FANEUSE — RATEAU À CHEVAL

B Fig. 3. Détail d'une fourche — Plan

A Fig. 1. Élévation d'une Faneuse.

A Fig. 7. Élévation d'un rateau à cheval.

B Fig. 4. Vue de coté d'une dent

B Fig. 9. Détail d'une dent

A Fig. 8. Plan

A Fig. 2. Plan

B Fig. 5. Coupe par l'arbre des fourches et par l'axe d'une roue motrice.

B Fig. 13. Support du levier de relevage

Plan

B Fig. 12. Levier de relevage

B Fig. 6. Relevage et changement de marche

Élévation

B Fig. 10. Réglage du brancard

Plan

B Fig. 14. Détail d'un moyeu

B Fig. 15. Crochet de relevage

B Fig. 11. Clef de reglage

B Fig. 16. Tirant du batis

Echelle A de $0^m,05$ pour 1 mètre

Echelle B de $0^m,10$ pour 1 mètre

M. Dunod, Editeur.

Gravé par Laoublin

MACHINES À BATTRE.

Machine à battre, Locomobile à vapeur, de Mr Lotz

A Fig. 1. Élévation et coupe longitudinale

A Fig. 2. Coupe transversale suivant A B de la Fig. 1.

Machine à battre à manège direct de Mr Lotz

A Fig. 3. Coupe longitudinale

A Fig. 4. Coupe transversale

B Fig. 5.
Coupe transversale du batteur et du contre batteur

A Fig. 6. Machine à battre de Richter

A Échelle de 0m. 03 pour 1 mètre.

B Échelle de 0m. 20 pour 1 mètre.

M. Dunod, Éditeur

Gravé par Lamblin

MACHINE À BATTRE FIXE

A Fig. 3. Élévation de la Caisse du batteur du coté de la transmission.

A Fig. 1. Élévation et Coupe longitudinale de la Machine à battre de Mr. Duvoir.

A Fig. 4. Tendeurs du Coussinet de l'arbre du batteur (Côté opposé à la transmission)

A Fig. 2. Coupe transversale suivant A B C D de la Fig. 1.

B Fig. 5. Coupe du batteur et du contre-batteur.

B Fig. 6. Coupe longitudinale et Plan du Secoueur.

B Fig. 7. Crible du Ventilateur.

A. Echelle de 0m.05 pour 1m.

B. Echelle de 0.10 pour 1 mètre.

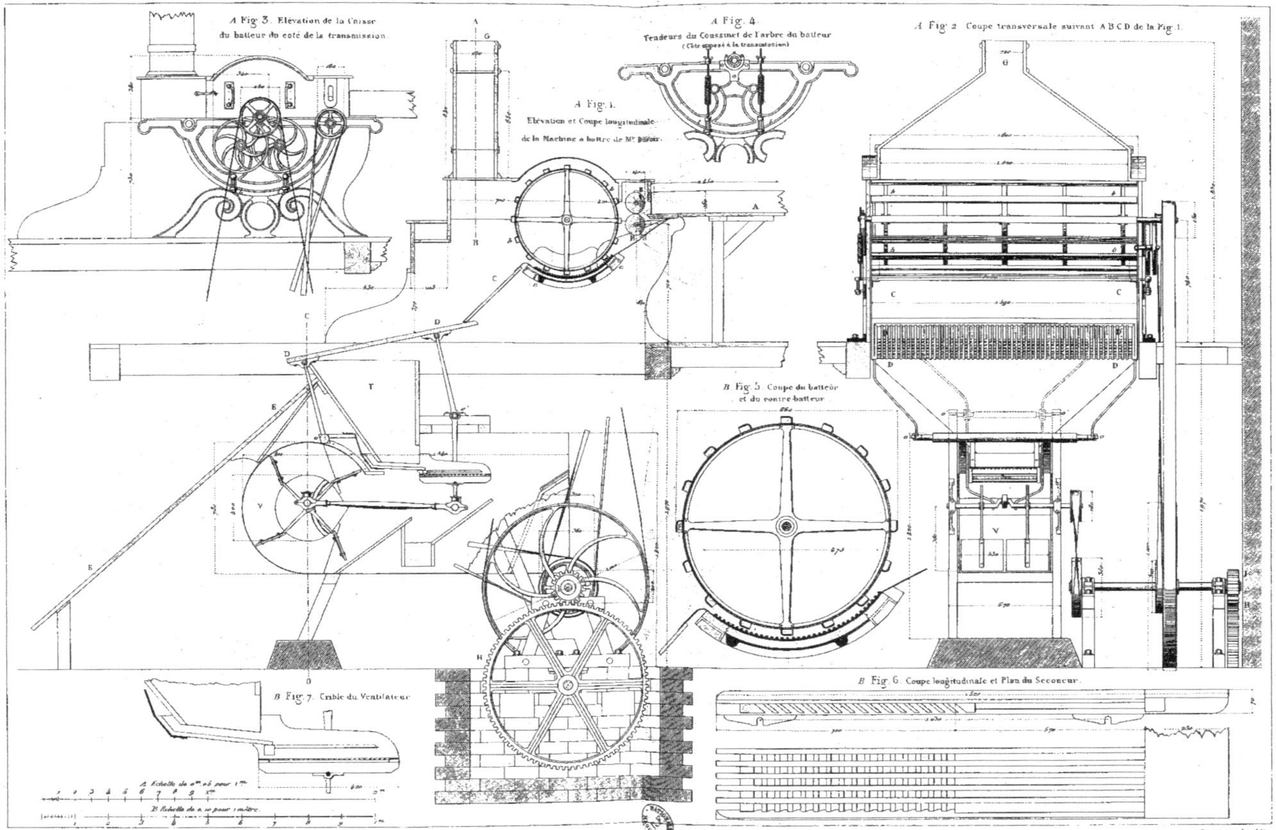

M. Dunod, Éditeur

Gravé par Lemaître.

MACHINES À BATTRE

Machine à battre, Locomobile Anglaise.

A Fig. 1.
Coupe en long suivant la ligne ABBC Fig. 2.

A Fig. 2 Vue du coté ou tombe la paille. Coupe suivant la ligne DEF Fig. 1.

Machine à battre, Locomobile Américaine.

A Fig. 3. Coupe en long

A Fig. 4. Coupe par l'axe du batteur

B Fig. 5.
Coupe du batteur et du contre batteur

A Echelle de 0m 05 pour 1 mètre.

B Echelle de 0m 20 pour 1 mètre.

M. Dunod, Editeur

Gravé par Laurichin

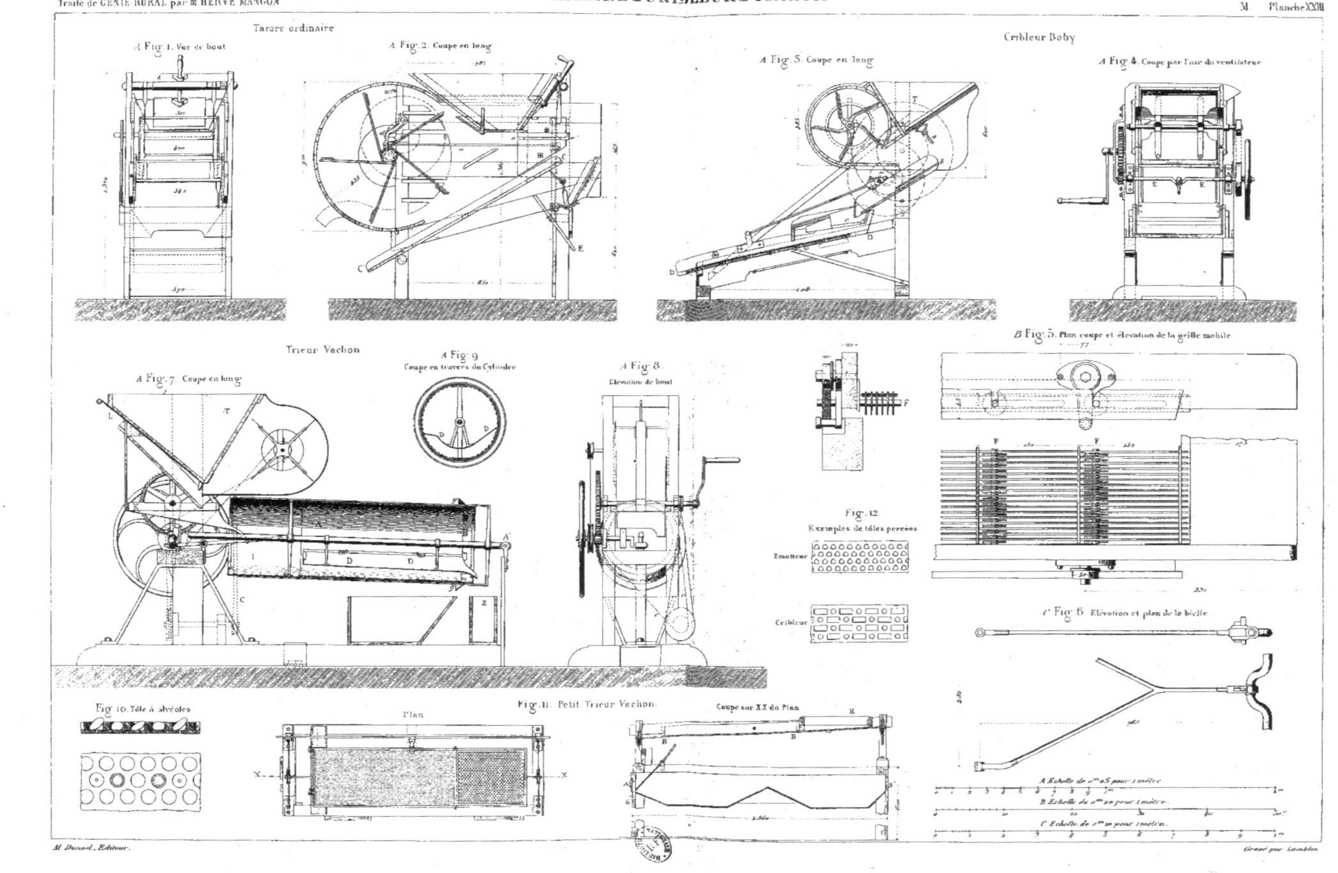

Traité de GÉNIE RURAL par M. HERVÉ MANGON
TARARE_CRIBLEUR_TRIEUR
M Planche XXIII
Tarare ordinaire
A Fig. 1. Vue de bout
A Fig. 2. Coupe en long
Cribleur Boby
A Fig. 3. Coupe en long
A Fig. 4. Coupe par l'axe du ventilateur
B Fig. 5. Plan coupe et élévation de la grille mobile
Trieur Vachon
A Fig. 7. Coupe en long
A Fig. 9
Coupe en travers du Cylindre
A Fig. 8
Élévation de bout
Fig. 12.
Exemples de tôles percées
Émotteur
Cribleur
C Fig. 6. Élévation et plan de la bielle
Fig. 10. Tôle à alvéoles
Plan
Fig. 11. Petit Trieur Vachon
Coupe sur XX du Plan
A Échelle de 0m,05 pour 1 mètre.
B Échelle de 0m,20 pour 1 mètre.
C Échelle de 0m,10 pour 1 mètre.
M. Dunod, Éditeur.
Gravé par Lamblin

COUPE-RACINES _ HACHE-PAILLE, ETC.

Coupe-racine

A Fig. 1. Élévation

A Fig. 2. Coupe

Hache-paille à bras

A Fig. 4. Vue de face.

A Fig. 5. Vue de coté.

B Fig. 8. Laveur de Racines portatif _ Élévation

A Fig. 3. Détail d'une lame du coupe racine.

Fig. 6. Rouleau cannelé du hache paille.

A Fig. 7. Levier de serrage du rouleau

B Fig. 9. Plan

A Fig. 10. Coupe en long d'un secoueur de paille

A Fig. 11. Vue de bout

A Echelle de 0.10 pour 1 mètre

B Echelle de 0.05 pour 1 mètre

M. Dunod, Éditeur

Gravé par Lambles

APLATISSEUR-CONCASSEUR_BRISE-TOURTEAU.

Broyeur et aplatisseur.

A Fig. 1. Élévation et Coupe

A Fig. 2. Vue de bout

Brise-Tourteau

A Fig. 12. Élévation

A Fig. 13. Coupe transversale

B Fig. 3. Élévation du Tendeur du petit cylindre.

B Fig. 4. Plan.

B Fig. 5. Coquilles du concasseur

Coupe sur AB

Coupe sur EF Fig. 11.

B Fig. 6. Coupe de la jante des Cylindres aplatisseurs

B Fig. 7. Coupe

B Fig. 8. Distributeur

B Fig. 9. Soupape

B Fig. 10. Nettoyeur des Cylindres aplatisseurs

Fig. 14. Détails des Etoiles

B Fig. 15. Broyeur à cylindre

Coupe

Plan

A Echelle de 0m,10 pour 1 mètre.

B Echelle de 0m,20 pour 1 mètre.

M. Dunod, Éditeur.

Gravé par Lamblin

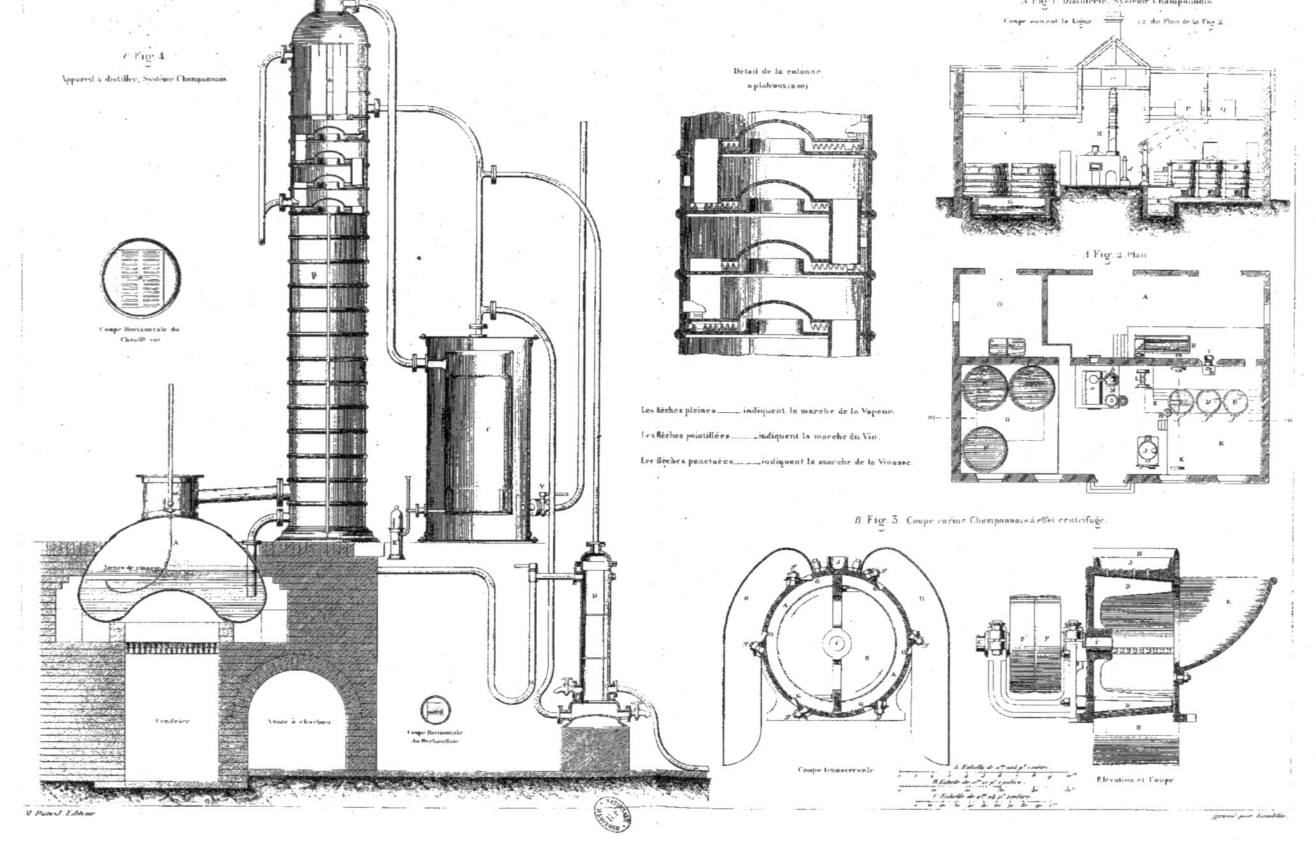
Traité de GÉNIE RURAL par HERVÉ MANGON
DISTILLERIES AGRICOLES.
M. Planche XXVI
A Fig. 1. Distillerie, Système Champonnois
Coupe suivant la Ligne m n du Plan de la Fig. 2.
C Fig. 4
Appareil à distiller, Système Champonnois
Détail de la colonne à plateaux
Coupe Horizontale du Chauffe vin
A Fig. 2. Plan
Les flèches pleines .... indiquent la marche de la Vapeur.
Les flèches pointillées .... indiquent la marche du Vin.
Les flèches ponctuées .... indiquent la marche de la Vinasse.
B Fig. 3. Coupe racine Champonnois à effet centrifuge.
Cendrier
Voute à charbon
Coupe Horizontale du Rechauffoir
Coupe transversale
Élévation et Coupe
Gravé par Lemaître

www.ingramcontent.com/pod-product-compliance
Ingram Content Group UK Ltd.
Pitfield, Milton Keynes, MK11 3LW, UK
UKHW031050260726
13965UKWH00006B/1331